U0159418

THE 24 SOLAR TERMS
FOR CHILDREN

给孩子的

二十四节气

爱华文 ◎ 著

春

团结出版社

早晨六点，吉祥还在迷糊糊的睡梦里，爸爸就拽着他的小耳朵喊道："吉祥，快点起床，还有三分钟要打春啊！"小吉祥马上睁开眼睛，一咕噜从床上爬了起来。因为他记得很小的时候爷爷奶奶讲过，打春要是打到床上，一年都会变懒的。

"吉祥，快来放鞭炮！"爸爸在门外喊着，吉祥穿上过年时的新衣服，听到噼里啪啦的鞭炮声声，开心的喊道："打春啦，打春啦，春天来啦！"

打春意味着春天的开始，一年之计在于春。

立春

二/十/四/节/气

《立春》·左河水

东风带雨逐西风

大地阳和暖气生

万物苏萌山水醒

农家岁首又谋耕

立春是农历二十四节气中的第一个节气。时间一般在公历2月3日或4日。《月令七十二候集解》中讲到，"立春，正月节。立，建始也，五行之气，往者过，来者续。于此而春木之气始至，故谓之立也。"立春之后，草木的阳气开始增长，阴气由盛转衰，所以称为"立"，就是开始的意思。古代有"四立"的说法，即立春、立夏、立秋、立冬，分别指春夏秋冬四季的开始。中国传统上把从立春到立夏之前的这三个月叫做春天。有一首描写立春的诗讲道："东风带雨逐西风，大地阳和暖气生。万物苏萌山水醒，农家岁首又谋耕。"东风送走了寒冷，带来了暖意，气温开始逐渐上升，降雨开始增多。万物复苏，大地充满了生机，农户们开始了一年的耕种。

立春是二十四节气之首，所以从官方到民间都极为重视，形成了迎春、咬春、打春等一系列的习俗。《尚书大传》上讲"东方为春，春者，出也，万物之所出"，东风送来了春天，按照五行属性，春属木，木是生火的，所以说阳气上升。立春养生要顺应春天阳气生发、万物始生的特点，注意保护阳气。

俗语讲"春捂秋冻"，立春之后，乍暖还寒，不宜过早减衣服，还是要防风保暖。中医上讲木与肝相应，在饮食上要多吃一些清淡的、易于肝气疏泄的食物；在作息时间上，立春之后，就要早睡早起，养好精神，保持愉悦的心态。立春为一年之首，我们要把握住大好春光，制定一年的计划，去体验春天带来的崭新生活。

太阳到达
黄经315°

立春

春分

夏至

秋分

冬至

立春节气是从天文上来划分的。按照精密的天文计算，立春时刻就是太阳到达黄经315°的位置。地球绕太阳运转一周约365天5小时，运转94,000万公里。这个公转轨道人们就称之为太阳黄经。中国古人把360度划分为24等分，每分15度，为一个节气。立春节气正是大地回春、气温回升的转折时节。

在气候学中，春季是指平均气温10℃至22℃的时段，气温、日照、降雨，开始趋于上升增多。但这些气候现象对全国大多数地方来说仅仅是春天的前奏。立春节气时，南方的风已经开始减弱，隆冬气候已快要结束。但北方劲风的强度和位置基本没有变化，蒙古下面的冷空气仍然比较强大，在强冷空气影响的间隙期，偏南风频数增加，并伴有明显的气温回升过程。

立春三候

立春既是指立春之日，也代表着立春之日开始后的十五天这个时间段。中国传统将立春后的十五天分为三候，一候为五天。

一候 东风解冻

风是春天的使者，吹散了寒冷的阴气，化解了大地冰封已久的寒冻，吹来了蓬勃的生机。

二候 蛰虫始振

蛰是隐藏的意思。随着阳气的上升，立春5日后，潜伏的虫类从冬眠中慢慢苏醒，蠢蠢欲动起来。

三候 鱼陟[zhì]负冰

陟是上升的意思。天寒冷的时候，水面上结了坚冰，鱼儿都潜到水底。立春之后，天气回暖，河里的冰开始溶化，鱼开始到水面上游动，此时水面上还有碎冰片，从上面往下看，就像被鱼背着走一样。

　　"律回岁晚冰霜少，春到人间草木知"，形象地反映出立春时节的自然特色：律回就是四季循环反复，岁晚指冬末春初，立春之后气温回升，冰霜融化，人们最早在草木的生长中感受到了春天的来临。到了立春，人们明显地感觉到白天长了，太阳也暖和多了，气温、日照、降水都逐渐上升或增多。

　　立春之后，我们在屋外明显感觉到冬天凛冽的西北风慢慢变成了温和带暖的东北风了。古人认为，风是天地的使者，左右着季节的变化。所以八节对应八风：立春东风至，春分明庶风至，立夏清明风至，夏至景风至，立秋凉风至，秋分阊阖[chāng hé]风至，立冬不周风至，冬至广莫风至。立春直到春分前，刮的是"条风"。条风就是东北风，此时东方变暖，但北方还很寒冷。条风催醒万物，柳树开始冒出嫩绿的柳芽，小草开始在泥土中蠢蠢欲动。

　　春回大地草木发芽，春江水暖鸭先知，春天来了，大自然的生物最先知晓。中国古人们正是在日常的农耕生活中切身感受着天地、日月星辰和花草树木的变化，从而感知时间的变化。俗话说"花木管时令，鸟鸣报农时"，自然界的花草树木、飞禽走兽的活动与气候变化息息相关。立春的自然景象，没有桃花绚烂、萱草绿浓之美，而是一种淡雅的含蓄之美。冬天的寒意还未消去，一切都还只是萌芽，静待破土而出的时刻。而迎春花则是最早迎接春风的植物，古时记载，二十四节气有二十四候花。立春三候十五日，对应的就有迎春、樱桃、望春（也叫木兰花）。这立春之日对应的就是迎春花。草木经历了冬天的寒冷还在萧索枯萎着，只有嫩黄色的迎春花渐渐冒出花骨朵，给经历过漫漫长冬的大自然点缀了一份颜色，人们感受到了一丝丝的生机，之后便迎来了百花齐放的春天。

农事活动

　　一年之计在于春。中国古代以农事为重，我们常说春种、夏长、秋收、冬藏，农事活动是非常讲究时令节气的。立春节气就代表着春耕开始，春耕至关重要，是秋天丰收的坚实基础，所以自古以来，人们都非常重视春耕。春季播种之前，要先耕耘土地，这时候主要的农事活动就是犁地。立春时，冰雪残存，大地还没有完全解冻，犁地就需要牛来辅助，所以耕牛对于农业生产非常重要，在民间形成了有关春牛的各种民俗。古时的人们非常有生活智慧，从自然界中观察着气候与农作的关系，总结出很多经验，来指导农耕，比如"立春晴，雨水匀"，"立春雨淋淋，阴阴湿湿到清明"，"打春下大雪，百日还大雨"，"立春寒，一春暖"等等。

中国自古以农立国，春种秋收，关键在于春，所以立春既是节气，也是重大的民俗节日。自古以来，上至皇帝，下至普通百姓，都很重视立春，民间素有"立春如过年"说法。立春有着丰富多彩的仪式活动，如迎春、报春、送春，打春牛等，寄托着人们祈求耕种风调雨顺、五谷丰登的愿望。在饮食上，也有着咬春的风俗，形成了吃春盘、春卷、春饼等传统饮食风俗。

迎春

3000年前的中国就有迎春的仪式，自官方到民间都非常重视。

官方主要是祭祀，古时立春要祭祀主管农事活动的芒神。芒神名叫句芒，主管树木的发芽生长，是少昊的后代，辅佐伏羲氏。它的本来面目是鸟，又是鸟身人面，乘两龙，手拿圆规。后来在祭祀仪式和年画中形象发生变化，变成了春天骑牛的牧童，头上有双髻，手执柳鞭，也叫作芒童。立春时，天子亲率三公九卿、诸侯大夫去东郊迎春，祭祀芒神，祈求丰收。回来之后，要赏赐群臣，恩赐民间百姓，开始一年的春耕。

打春牛

"鞭春牛"也叫打春牛。俗语说"打春阳气转"，我们常说的"打春""春打六九头"就来自此。"年年春打六九头，烟火爆竹放未休。五彩旌旗喧锣鼓，围看府尹鞭春牛。"

鞭春牛是中国立春风俗中，影响最大、流行最广的一种活动。鞭春牛活动起源于先秦，因为春天降临，农民准备翻土犁田了，用鞭打春牛仪式表示寒冬的结束，春耕的开始。到了周代，迎春鞭牛活动正式列为国家典礼。不过被鞭打的春牛都不是真牛，而是用泥土塑出和真牛一般大小的土牛。到了唐宋时代，这套仪式更演变成全国上下同时举行的活动，到了立春这天，皇帝率领百官在京都先农坛前迎春鞭牛，同一时刻，各级地方长官也带领百姓在当地的东城郊迎春鞭牛。

咬春

民间百姓要在立春这天吃一些春天的新鲜蔬菜，来迎接新春，俗称咬春。吃的食品有春盘、春饼、春卷、春盒、生菜、萝卜等。春饼，又叫荷叶饼，是一种烫面薄饼，用两小块水面，中间抹油，擀成薄饼，烙熟后可揭成两张。春饼是用来卷菜吃的。饼加上盘就叫做春盘。春盘开始于晋代，一开始叫做五辛盘，五辛就是现在的葱、蒜、韭菜、油菜、香菜，春天吃这些东西可以促使身体内的阳气生发出来。唐代开始流行吃春盘，如唐朝诗人杜甫在《立春》诗里写到"春日春盘细生菜，忽忆两京梅发时"，杜甫由眼前的春盘，回忆起往年太平盛世，长安、洛阳两京立春日的美好情景。到了宋代这一习俗更加普遍，北宋词人苏轼写有"喜见春盘得蓼芽"，陆游写有"正好春盘细生菜""春盘春酒年年好"等诗句。

吃春盘的习俗一直流传至今，但春盘的内容已发生了巨大的改变，主要以青韭、豆芽、香芹等新春时令菜为主，外加肉丝、豆腐丝等合炒成盘。春卷也是立春日人们经常吃的一种节庆美食。皮一般用小麦面粉制作，也有用鸡蛋饼、豆腐皮制作的，里面的馅南北方不同，北方多用韭菜、豆芽、肉丝等，南方多用白菜、肉丝、虾米、豆沙等。现在人们吃春卷已不再局限于立春日了，平时也经常可以吃到它。但是，春卷在立春日这一天吃起来还是会别有一番滋味的。咬春作为一种传统的饮食文化已经淡化了很多，现在，人们更多地用吃面条和饺子代替了吃春盘、春饼、春卷，来迎接春天的到来，所以民间广泛流传有"迎春饺子打春面"的说法。

游春

立春时节，各地还流行游春活动。报春人打扮成公鸡的样子走在最前面，一群人跟在后面抬着巨大春牛形象，有打扮成牧童牵牛的、有打扮成大头娃娃送春桃的、有打扮成燕子的，丰富多趣，应有尽有。游春也叫探春，从立春之日起到端午都是"探春"的好时节。

立春一年端，种地早盘算。

立春一日，百草回芽。

一年之计在于春，一日之计在于晨。

立春春雨到，早起晚睡觉。

春争日，夏争时，一年大事不宜迟。

春打六九头。

正月十五雪打灯，清明时节雨纷纷。

诗 词

古时的文人们也从百姓立春时节的欢庆活动中获得灵感，创作出有关立春的诗词歌赋，赋予了立春这个节气更多的诗情画意。

立春

（唐）杜甫

春日春盘细生菜，忽忆两京梅发时。

盘出高门行白玉，菜传纤手送青丝。

巫峡寒江那对眼，杜陵远客不胜悲。

此身未知归定处，呼儿觅纸一题诗。

赏析

唐朝立春日时流行吃春饼、生菜，叫做吃春盘。杜甫回忆起了当年在"两京"（长安、洛阳）过立春日的盛况：盘出高门，菜经纤手，一个个选送白玉青丝，好不欢乐。可是经过了安史之乱，现在困居夔[kuí]州（现在的重庆市奉节县），再也不能过那样的立春日了。悲愁之际，只有叫儿子拿纸来作诗排遣心中的忧思了。

汉宫春.立春

（南宋）辛弃疾

春已归来，看美人头上，袅袅春幡。

无端风雨，未肯收尽余寒。

年时燕子，料今宵，梦到西园。

浑未辨，黄柑荐酒，更传青韭堆盘。

却笑东风，从此便熏梅染柳，更没些闲。

闲时又来镜里，转变朱颜。

清愁不断，问何人会解连环？

生怕见花开花落，朝来塞雁先还。

 赏析

　　辛弃疾的青少年时代是在北方度过的。当时的中国北方，已被金人所统治。这首词以"春已归来"开篇，描写了民间立春的习俗。

　　古代立春那天女子剪彩纸如燕子形状，戴在头上，以示迎春，叫春幡。立春时还会做五辛盘，用黄柑酿酒。诗人离开故乡到他乡才一年多光景，生活尚未安定，春节到了，连酒也备办不起，更谈不上吃春盘了。"却笑东风"三句，诗人想到立春之后，东风送暖，大自然柳绿花红，一派春光。"闲时又来镜里，转变朱颜"，表达了诗人初归南宋急欲报国、收复失地的决心，深恐自己磋砣岁月，年华虚度。"清愁"，实际抒发的是忧国忧民的情怀。"生怕见花开花落，朝来塞雁先还。"表示作者对于恢复事业的担忧，深恐这一年的花由盛开又复败落，而失地却未能收复，看到大雁尚北归，而自己却只能留在南方，有家仍难归去。在这首词中，诗人的故国之思，对于恢复大业的深切关注，激昂奋发的情怀，都真切地表达出来。

　　窗外下起了零星小雨，吉祥爸爸感叹地说"好雨知时节，当春乃发生"，吉祥好奇地问爸爸："为什么春天下的雨才是好雨呢？""吉祥，你看看窗外花园里的小树发芽了没有？""看到绿绿的嫩芽了。""春天，是万物萌芽生长的季节，正需要雨水的灌溉和滋润，雨儿说来就来了，你看它多么好！所以人们说春雨贵如油。""哦，春雨这么宝贵呢，那我赶紧把我的小花们搬到外面去，给它们喝喝水，也让它们快快长大！"

雨水

二／十／四／节／气

《春夜喜雨》·杜甫

好雨知时节

当春乃发生

随风潜入夜

润物细无声

雨水是二十四节气中的第二个节气，时间一般在每年的公历2月18至20日。《月令七十二候集解》中讲到了雨水名称的来源："正月中，天一生水。春始属木，然生木者必水也，故立春后继之雨水。且东风既解冻，则散而为雨矣。""天一生水"源自远古时代对天象的观测，表示水星与日月会聚，水对宇宙万物的生长非常重要。春天在五行中属木，而水是生木的，所以立春之后就是雨水节气。同时，春天的东风把冬天的坚冰化开，就散落成了雨水。

立春之后，阳气生发，冰雪融化，降水增多，草木生长，万物开始萌动。雨水和谷雨、小雪、大雪一样，都是反映自然界降水现象的节气，但并不是说在雨水这天一定会降雨，而是代表着雨水之后，降雨开始增多。雨水季节，阳气渐生，人们明显感到春回大地，春暖花开和春意浓浓，沁人的气息激励着身心，人们逐渐脱去棉衣换上外套，但此时北方阴寒未尽，冷空气活动仍很频繁，气温变化大，虽然不像寒冬腊月那样凛冽，但人们对风寒之邪的抵抗力还是比较弱，容易感染风寒而生病，这个时节还要注意"春捂"，防止"倒春寒"，俗语中有着"二八月乱穿衣"的说法，也是表明此时的天气变化无常。春季阳气生发，人们开始感觉"春困"，要多注意休息。北方雨水时多风干燥，要多出去走走，呼吸新鲜空气，在饮食上也要多注意补充水分，多吃蔬菜、水果、牛奶、蜂蜜等。南方雨水渐沥，气候寒湿，在饮食上要注意调养脾胃，祛风除湿。

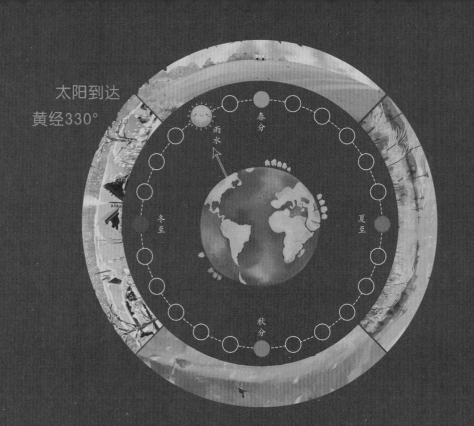

太阳到达
黄经330°

春分

雨水

冬至

夏至

秋分

    雨水之后，太阳的直射点由南半球逐渐向赤道靠近，这时的北半球，日照时间和强度都在增加，气温回升，来自海洋的暖湿空气开始活跃，并渐渐向北挺进。与此同时，冷空气在减弱的趋势中仍顽强抵抗，与暖空气频繁地进行较量，所以雨水前后还是乍暖还寒。中国大部分地区气温回升到0℃以上，黄淮平原日平均气温已达3℃左右，江南平均气温在5℃上下，华南气温在10℃以上，降雨开始增多。而华北地区雨水之前还能见到雪花纷飞，降雨较少；雨水之后气温一般可升至0 ℃以上，雪渐少而雨渐多。

    雨水是二十四节气里反映降水情况的节气，所以古时候民间根据雨雪来预测天气变化，比如"雨水有雨百阴"，"雨水落了雨，阴阴沉沉到谷雨"，"雨水东风起，伏天必有雨"。总之雨水时节全国各地的气候趋势是由冬末的寒冷向初春的温暖过渡，人们不再感觉到寒气侵骨，而是感觉到空气的湿润，暖意的春风，潇潇细雨落下，身心都感到舒展和愉悦。

雨水三候

一候 獭祭鱼

獭就是水獭，也叫做水狗。河里的水变暖了，鱼儿就纷纷朝上游去。水獭捕食鱼儿，将鱼摆在岸边如同陈列供品祭祀然后再

二候 鸿雁来

鸿雁和燕子一样，都是感应时间变化的鸟儿，秋天由塞北飞向南方，春天天气变暖后，就从南方飞回北方来。这一候与白露时节的第一候"鸿雁来"相呼应。

三候 草木萌动

在"润物细无声"的春雨中，草木随地面阳气的上升而开始抽出嫩芽，大地开始呈现出一派欣欣向荣的景象。

　　"东风解冻散为雨"，在多雨的江南，温度大多上升到10度以上，温暖的东风化解了冬天的冰冻，带来了潇潇细雨，这早春的雨绵绵如细丝，"随风潜入夜，润物细无声"。空气变得湿润，有雨必有云，在江南独有的粉墙黑瓦、青山之上袅袅形成云雾，独具一种氤氲[yīn yūn]静谧之美。一场春雨一场暖，此时冬天傲放的梅花将要谢了，桃树和李树长出花苞，还未开放，二月的柳树绿意渐浓，由鹅黄的柳芽开始抽丝长出绿色的叶子来，在蒙蒙细雨中，柳丝含烟，春色愈发有生机。

　　雨水之时的北方气温回升到0度以上，降雨较少，偶尔还有雪花落下，或变成霜，由于温度较低，所以柳树才吐芽，草色刚刚显露出来。北方栽种杏树比较多，此时杏花含苞枝头，到春分时节盛开，从杏花开始，春天就要进入"乱花渐欲迷人眼"的景象了，一直到谷雨前，梨花、李花、樱桃花都将相继绽放，香气扑鼻，春色灿烂。雨水节气，是观赏油菜花的最佳时期，在倾斜的山坡上、道路两旁的田野里，油菜花已经开始吐露芬芳，泥土的清香和菜花的香味弥漫在空气中，让人沉醉。

农事活动

雨水到，草木萌动，除了西北、东北、西南高原的大部分地区还处在寒冬之中外，许多地区已经从寒冷的冬季过渡到温暖的春天。在春雨的滋润下，"七九河开八九燕来，九九加一九，耕牛遍地走"，九九歌是一种节令民间歌谣，六九时期接近雨水，柳树抽出嫩枝，预示着春天到来了；七九、八九时候，更接近春天的气息，大雁要结队飞回北方；九九已过惊蛰，农民们开始赶着耕牛下田进行春耕了。所以在六九时，即雨水节气前后，田间就开始呈现出一幅春耕的繁忙景象。

雨水节气的天气特点对越冬作物生长有很大的影响。过去种地是靠天吃饭，雨水多少直接影响着一年的收成，所以农谚说："雨水有雨庄稼好，大春小春一片宝"。雨水前后，北方冬小麦开始返青生长，对水分的要求较高，但华北、西北以及黄淮地区这时降水量一般较少，"春雨贵如油"，常不能满足农业生产的需要，这时候就要及时地灌溉。同时乍暖还寒的气候，也要做好农作物、大棚蔬菜的防寒防冻工作，才能有个好的收成。而淮河以南地区，雨量渐渐增多，早稻育秧已经开始，小麦拔节孕穗、油菜抽苔开花，要抓紧选种、春耕、施肥等工作，清理沟渠，为排水防渍做好准备。

19

　　"雨水节，回娘家。"是流行于四川西部一带汉族的节日习俗，有拉保保、接寿等形式，是出嫁的女儿回报父母养育之恩的一种方式，体现出浓浓的亲情。

拉保保

　　拉保保是自古以来四川西部地区在雨水之时就有的特色风俗。保保是四川的方言，意思是为了保佑小孩子健康长大，找个命好的人做干爹干妈。之所以在雨水节气时拉保保，是取自"雨露滋润易生长"的意思。雨水这天不管下雨不下雨，要拉保保的妈妈手牵着幼小的儿子或女儿，等待着第一个从面前经过的行人。而一旦有人经过，也不管是男是女，是老是少，拦住对方，就让儿子或女儿磕头拜寄，给对方做干儿子或干女儿。这在川西民间称为"撞拜寄"。随着时代的发展，拉保保也由迷信观念逐渐演变发展成联络感情的方式。

接寿

在四川客家，雨水这天的习俗是女儿带着女婿回到娘家，给岳父岳母接寿。接寿的礼品一般有两种，一种是两把藤椅，上面缠着一丈二尺长的红带，意思是寿缘长，祝岳父岳母长命百岁。一种礼品叫做"罐罐肉"，用沙锅炖了猪脚和雪山大豆、海带，再用红纸、红绳封了罐口，给岳父岳母送去。这是对辛辛苦苦将女儿养育成人的岳父岳母表示感谢和敬意。如果是新婚女婿，岳父岳母还要回赠雨伞，女婿出门奔波时，能遮风挡雨，也有祝愿女婿人生旅途顺利平安的意思。

节气民谚

春雨贵如油。

七九河开，八九雁来。

雨水到来地解冻，化一层来耙一层。

雨水前雪，雨雪霏霏。

雨打雨水节，二月不落歇。

雨下黄昏头，明天是个大日头。

早晨下雨当天晴，晚间下雨到天明。

冷雨水，暖惊蛰；暖雨水，冷惊蛰。

春夜喜雨

（唐）杜甫

好雨知时节，当春乃发生。

随风潜入夜，润物细无声。

野径云俱黑，江船火独明。

晓看红湿处，花重锦官城。

赏析

　　这首诗作于公元761年，当时杜甫因陕西旱灾来到四川成都定居已有两年。此诗运用拟人手法，细致地描绘了久旱后春雨喜降成都的美景。好雨似乎会挑选时辰，降临在万物萌生的春天。伴随和风，悄悄进入夜幕。细细密密，滋润大地万物。浓浓乌云，笼罩田野小路，点点灯火，闪烁江上渔船。明早再看带露的鲜花，成都满城必将繁花似锦。整首诗按照盼雨——听雨——看雨——想雨的情感思路，讴歌了春雨默默无闻、无私奉献的崇高品质。

临安春雨初霁

（宋）陆游

世味年来薄似纱，谁令骑马客京华。

小楼一夜听春雨，深巷明朝卖杏花。

矮纸斜行闲作草，晴窗细乳戏分茶。

素衣莫起风尘叹，犹及清明可到家。

 赏析

陆游的这首《临安春雨初霁》写于六十二岁，诗人少年时的意气风发与壮年时的裘马清狂，都已经随时间逝去。诗人羁旅他乡，感到世态炎凉，听着春雨思念起故乡，彻夜未眠。达官贵人多居住在深巷里，那里自然有人去叫卖杏花，临安城中似乎是太平盛世的气象，好像人们都忘记了亡国的危险。临安春雨初晴的明媚春光，与落寞情怀构成了鲜明的对照。在这明艳的春光中，诗人闲暇无聊，以草书消遣，晴窗下品着清茶，看似是极闲适恬静，但内心深处却是无限的感慨。国家正是多事之秋，而诗人只能在此以作书品茶消磨时光，真是可悲！于是就自我解嘲。"莫起风尘叹"，是因为不用等到清明我就可以回家了。

午后响起了轰隆隆的雷声，吉祥在院里的大树下发现了好多小虫子，从土里的小洞中爬了出来，他惊奇地喊道："爸爸，是不是小虫子的家要遭遇变故，小虫子都逃生了？"

　　爸爸笑着拍了拍吉祥的脑瓜，说道："这是雷公公在敲鼓，告诉小虫子们别睡懒觉啦，外面天气暖和，该出来锻炼身体啦！"

　　"哦，那我也帮忙叫一叫吧。小虫子们，快出来锻炼身体啦！"

　　"雷敲鼓，轰隆隆，敲醒睡觉小虫虫。

　　小虫虫，乐坏了，争着抢着跑出门。

　　又是唱，又是跳，大家见面闹哄哄。"

　　阵阵雷声，伴随着吉祥哼唱的童谣响彻在庭院上空。

25

凉蛰

二／十／四／节／气

惊蛰简介

AWAKENING OF INSECTS

二十四节气·春

惊蛰，古时候又称"启蛰"，是二十四节气中的第三个节气，时间一般在公历3月5或6日。"蛰"的意思是动物冬天藏伏于土中冬眠。"惊蛰"就是上天打雷惊醒冬眠动物们的日子。《月令七十二候集解》中说："二月节，万物出乎震，震为雷，故曰惊蛰。是蛰虫惊而出走矣。"意思是说到了每年农历二月的时候，春雷开始多了起来，惊醒了潜伏在地下冬眠的各种小虫子。然而真正使冬眠动物苏醒的，并不是隆隆的雷声，而是天气变暖，气温回升，冰冻的泥土融化，冬眠的动物们感受到地温的变化，开始出来活动。惊蛰是二十四节气中唯一一个以动物习性来表示的节气。

惊蛰之后，我国部分地区进入了春耕季节。民间有着"惊蛰过，暖和和，蛤蟆老角唱山歌""惊蛰一犁土，春分地气通"的说法。惊蛰过后万物复苏，是春暖花开的季节，同时却也是各种病毒和细菌活跃的季节。在饮食方面多吃富含植物蛋白质、维生素的清淡食物，多吃梨子来润肺，民间素有惊蛰吃梨的习俗。每天要早睡早起，保持良好的作息习惯。

太阳到达
黄经345°

惊蛰

春分

冬至

夏至

秋分

　　"春雷响，万物长"，惊蛰时节正是大好的艳阳天，气温回升，我国除东北、西北地区仍是银妆素裹的冬日景象外，其他大部分地区平均气温已升到0℃以上，华北地区日平均气温在3—6℃，江南地区为8℃以上，而西南和华南已达10—15℃，暖意融融。惊蛰节气正处乍寒乍暖之际，所以这个节气在古代是预测天气变化的重要标志，民间百姓根据天气变化，总结出"冷惊蛰，暖春分""惊蛰刮北风，从头另过冬""惊蛰吹南风，秧苗迟下种"等谚语。

　　惊蛰时，长江流域大部地区春雷开始渐渐出现，雨水增多。为什么会在惊蛰时节有雷声？气象科学的解释是大地湿度升高，地面热气上升，或北上的湿热空气势力较强而活动频繁所致。由于中国地缘辽阔，南北气温跨度大，所以春雷始鸣的时间迟早不一，南方大部分地区，常年雨水、惊蛰也能听到春雷轰鸣，而华北、西北地区因为温度偏低，一般要到清明才有雷声。

一候 桃始华

惊蛰时节，天气暖和，桃花、李花等果木开始开花，呈现出一幅生机勃勃的景象。

二候 仓庚鸣

仓庚是指黄鹂鸟，这个时节黄鹂鸟和燕子等鸟儿开始活动，振翅高飞，一鸣惊人，宣告春天已到人间。

三候 鹰化为鸠

鹰每年二、三月飞到北方繁殖，已经不见迹影，只有斑鸠飞出来。古人就以为春天的斑鸠是由秋天的老鹰变化出来的。

　　每年春天，尤其在惊蛰以后，明显增强的暖湿空气与冷空气激烈对峙，引发了强烈的对流运动，产生打雷的现象。春雷隆隆，伴随着闪电，惊醒了冬眠的动物们，纷纷被叫醒了出来活动。大地回春万物复苏，惊蛰时节，各种花也渐渐开放。北宋诗人秦观在《春日五首·其二》中写道："一夕轻雷落万丝，霁光浮瓦碧参差。有情芍药含春泪，无力蔷薇卧晓枝。"就写出了春雷之后落下丝丝春雨，芍药和蔷薇花朵被雨水打湿的形态。惊蛰时节的花有一候桃花、二候棣棠、三候蔷薇花。惊蛰这一天，桃花始盛开，"竹外桃花三两枝"，桃花是春天的使者，春意来临的代名词。早春三月，桃花怒放，艳压群芳，桃花色彩绮丽，就像少女一样娇媚，所以文学作品中常用桃花来比喻美妙的女子，比如《诗经》里"桃之夭夭，灼灼其华"，鲜嫩的桃花，纷纷绽蕊，经过打扮的新嫁娘此刻既兴奋又羞涩，两颊飞红，如同人面桃花两相辉映。

　　桃花的花期很短，春风起吹落桃花瓣瓣，如同飘起了花雨，非常的浪漫，人们看到落花又会心生伤感，所以在文学作品里，桃花也常常用来描绘时光流逝和悲伤的爱情，比如李贺的《将进酒》"况是青春日将暮，桃花乱落如红雨"，桃花的凋零就像下了场雨，引发诗人对青春年华易逝的感慨。

惊蛰节气在古代是个非常重要的节日，人们把它视为春耕开始的日子。民谚里讲"过了惊蛰节，锄头不能歇"。唐诗里也写道："微雨众卉新，一雷惊蛰始。田家几日闲，耕种从此起。"春雨过后，所有的花卉都焕然一新。一声春雷，蛰伏在土壤中冬眠的动物都被惊醒了。这第一声春雷，不光惊醒了蛰伏在土中冬眠的动物，也鼓舞了纯朴勤劳的农民，早早起来到田头地上忙活耕种。

惊蛰期间的主要农事是春耕育苗、施肥以及防治病虫草害。惊蛰之后，华北冬小麦开始返青生长，江南小麦开始拔节，中国大部分地区进入春耕大忙季节。真是季节不等人，一刻值千金。大部分地区惊蛰节气平均气温一般为12℃至14℃，比雨水节气升高3℃以上，是全年气温回升最快的时候。日照时数也有比较明显的增加。但是因为冷暖空气交替，天气不稳定，气温波动幅度很大。华南东南部长江河谷地区，多数年份惊蛰期间气温稳定在12℃以上，有利于水稻和玉米的播种。其它地方却常有连续3天以上日平均气温在12℃以下的低温天气出现，不能盲目地早早播种。惊蛰虽然气温升高迅速，但是雨量增多却并不均衡。华南中部和西北部惊蛰期间降雨总量只有10毫米左右，经过冬季的干旱之后，春旱常常开始露头。北方的小麦返青生长孕穗、油菜开花都处于水需求量较多的时期，这时候要及时耕地，减少水分蒸发。农民伯伯根据耕种经验总结出"惊蛰不耙地，好比蒸馍走了气"的俗语来。随着气温回升，各种果树也渐渐开始复苏，在开花之前应进行修剪、施肥，到秋天才能硕果累累。

祭白虎

惊蛰打雷，雷声就会惊动了山中的大老虎。而在民间的传说里，白虎也代表是非之神，如果冲犯了白虎就会遭遇种种不顺。在古代科技不发达的年代，人们在猛兽面前是很弱小的，只有祈求神灵的保佑。人们为了保佑一年内平安顺利，就会在惊蛰之日祭祀白虎。祭祀所用的白虎是在纸上绘制的老虎图，一般是黄色黑斑纹，口角处画有一对獠牙。祭拜的时候，家家户户在屋前摆放猪肉，拿猪血和生猪肉抹在老虎的嘴上，象征着把老虎喂饱了，就不再出口伤人，说人是非了。

打小人

惊蛰象征二月的开始，平地一声雷，唤醒所有冬眠中的蛇、虫、鼠、蚁，家中的爬虫走蚁又会应声而起，四处觅食。所以古时惊蛰当日，人们会手持清香、艾草，熏家中的各个角落，用熏香味驱赶蛇、虫、蚁、鼠和霉味，久而久之，渐渐演变成驱赶霉运的习惯，即"打小人"的前身。所以每年惊蛰那天，在有些民间会看到这样的场景：几个妇人手拿着拖鞋，对着符纸使劲拍打，口中念念有词："打死你个小人头！"拍打着纸公仔，驱赶身边的小人。

惊蛰吃梨

在民间有着"惊蛰吃梨"的习俗，惊蛰吃梨有个历史典故。传说晋商渠家，先祖渠济是上党长子县人，明代洪武初年，带着渠信、渠义两个儿子，用上党的潞麻与梨来换山西祁县的粗布和红枣，往返两地间从中赢利，积累了财富后，就在祁县城定居下来。雍正年间，十四世渠百川走西口，正是惊蛰之日，父亲让他吃梨后说："先祖创业才积累了家产，惊蛰之日要走西口，吃梨是让我们后人不忘先祖，努力创业光宗耀祖。"后来走西口的人也仿效吃梨的习俗，象征着艰辛创业的意思。惊蛰吃梨从养生上讲是因为万物复苏，气候比较干燥，人们很容易口干舌燥、咳嗽，惊蛰吃梨正好可以润肺润喉。

蒙鼓皮

惊蛰这个节气和雷有着密切的联系，惊蛰在民间就有着与雷神相关的风俗。古人想象雷神是位鸟嘴人身，长了翅膀的大神，一手持锤，一手连击环绕周身的众多天鼓，发出隆隆的雷声。所以惊蛰这天，天庭有雷神击天鼓，人间也利用这个时机仿效雷神，来蒙鼓皮。

驱虫　炒虫

惊蛰雷动，百虫"惊而出走"，从泥土、洞穴中出来，于是虫蚁开始活动，逐渐遍及田园、家中，或殃害庄稼，或滋扰生活。因此惊蛰期间，各地民间都有不同的除虫仪式。如湖北土家族民间有"射虫日"，就是在惊蛰前去田里，画出弓箭的形状以模拟射虫的仪式。又如浙江宁波的"扫虫节"，农家拿着扫帚到田里举行扫虫的仪式，将害虫"扫除"掉。而陕西一些地区则以"炒豆子"方式，达到驱虫的目的。人们将大豆用盐水浸泡后再放到锅中爆炒，大豆就代表毒虫，泡过的豆子在锅里发出噼里啪啦的响声，象征着虫子在锅里受煎熬的蹦跳之声，吃炒豆就意味着消灭了虫子。

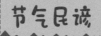

雷打蛰，雨天阴天四九日。

春雷响，万物长。

惊蛰春雷响，农夫闲转忙。

惊蛰节到闻雷声，震醒蛰伏越冬虫。

惊蛰地气通。

惊蛰乌鸦叫，春分地皮干。

惊蛰前响雷，四十二日不见天。

惊蛰闻雷，谷米贱似泥。

惊蛰过，暖和和，蛤蟆老角唱山歌

诗 词

拟古·其三

（魏晋）·陶渊明

仲春遘时雨，始雷发东隅。

众蛰各潜骇，草木纵横舒。

翩翩新来燕，双双入我庐。

先巢故尚在，相将还旧居。

自从分别来，门庭日荒芜；

我心固匪石，君情定何如？

---赏析---

　　仲春二月，逢上了及时雨。第一声春雷，也从东方响起，春天回来了。众多冬眠的虫类，都被春雷惊醒了，沾了春雨的草木，枝枝叶叶纵横舒展。前四句描写春回大地，大自然一片勃勃生机。一双刚刚到来的燕子，翩翩飞进屋里。梁上旧巢依然安在，这双燕子一下子便寻到了旧巢，飞了进去，住了下来。燕子能认得旧巢，深深触动了诗人的情感。他情不自禁地问那燕子："自从去年分别以来，我家门庭是一天天荒芜了，我的心仍然是坚定不移，但不知您的心情究竟如何？"这四句写出了诗人坚贞不渝的品节。这首诗写于陶渊明弃官归隐之际，以众蛰惊雷、草木怒生的大好春天，与"无人可语，但以语燕"的孤独寂寞相对照，展现出诗人深沉的悲情，体现出他坚持笃定的品节。

观田家

（唐）韦应物

微雨众卉新，一雷惊蛰始。

田家几日闲，耕种从此起。

丁壮俱在野，场圃亦就理。

归来景常晏，饮犊西涧水。

饥劬不自苦，膏泽且为喜。

仓廪物宿储，徭役犹未已。

方惭不耕者，禄食出闾里。

赏析

　　这首《观田家》对农民终年辛劳进行了具体描述：春雨过后，所有的花卉都焕然一新。一声春雷，蛰伏在土壤中冬眠的动物都被惊醒了。农民没过几天悠闲的日子，春耕就开始了。自惊蛰之日起，就得整天起早摸黑地忙于农活了。健壮的青年都到田地里去干活，留在家里的女人小孩就把家门口的菜园子收拾好，准备种菜。他们每天都忙忙碌碌的，回到家天已经很晚了，还得把牛牵到村子西边的溪沟里让它饮水。这样又累又饿，他们自己却不觉得苦，只要看到雨水滋润过的禾苗心里就觉得欢喜不已。可是即使他们整日这样忙碌，家里也没有隔夜的粮食，而劳役却是没完没了。看着这些，作者想起自己不从事耕种，但是俸禄却是来自乡里，心中深感惭愧。整首诗深刻揭示了当时赋税徭役繁重和社会制度的不合理。

"小燕子，穿花衣，

年年春天来这里，

我问燕子你为啥来，

燕子说，这里的春天最美丽。"

吉祥最喜欢唱这首《小燕子》，每年的春天小燕子就会在吉祥家的房檐下衔泥筑巢、安家孵育。小燕子成了吉祥心中的好朋友。今年小燕子迟迟没来，吉祥就不停地问爸爸"小燕子什么时候才回来呢？"爸爸摸着吉祥的小脑袋瓜说："快啦，快啦，等到咱家院里里的那棵海棠开花了，小燕子就来啦！"吉祥便每天蹲在海棠树下，盯着花骨朵一天天长大，盼着盼着海棠花开了，小燕子一家也飞回来了。

春分

二／十／四／节／气

《癸丑春分后雪》·苏轼

雪入春分省见稀

半开桃李不胜威

应惭落地梅花识

却作漫天柳絮飞

　　春分是二十四节气中的第四个节气，时间一般在每年公历3月20或21日。《月令七十二候集解》中写道："二月中，分者半也，此当九十日之半，故谓之分。秋同义。"分，意思是"半"，古时候以立春到立夏为春季，春分正当春季三个月，也就是九十天的中间，平分了春季，所以叫"分"，秋分跟春分是一样的叫法和含义。《春秋繁露·阴阳出入上下篇》也说："春分者，阴阳相半也，故昼夜均而寒暑平。"所以春分的意义是指，一天时间白天黑夜平分，各为12小时，所以春分，又称为"日中""日夜分""仲春之月"。

　　春天的节气不知不觉地过了一半，冬天的料峭之寒大势已去，人们真正感受到了春天的温暖，大地也完全融化，生机勃发，所以这个时节也是耕种的黄金时刻。按照五行理论，春天是生长发育的季节，阴阳平衡最为重要，要多吃时令蔬菜，多吃一些诸如红枣、蜂蜜、花生、枸杞、豆芽等食物，有助于为人们的体力和脑力活动提供充沛的能量。

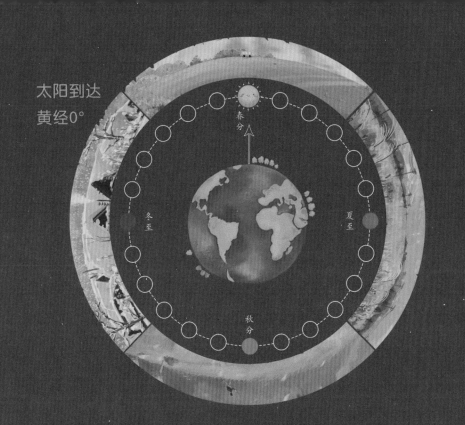

太阳到达
黄经0°

　　春分在二十四节气里是重要的天象转折点。春分这天，太阳由南向北穿过赤道，太阳穿过赤道的这点就叫"春分点"。春分这一天太阳直射地球赤道，昼夜几乎相等，在北极点（北纬90°）与南极点（南纬90°）附近可以观测到"太阳整日在地平线上转圈"的特殊现象。春分之后，北半球各地昼长夜短，南半球各地昼短夜长。春分在气候上也有比较明显的特征，春分时节，我国除了青藏高原、东北、西北和华北北部地区还处在冬去春来的过渡阶段，乍暖还寒之外，各地日平均气温均稳定升达0℃以上，气温回升较快。尤其是华北地区和黄淮平原，日平均气温几乎与多雨的江南地区同时升达10℃以上，而进入明媚的春季。江南的降水迅速增多，进入春季"桃花汛"期。辽阔的大地上，岸柳青青，莺飞草长，小麦拔节，油菜花香，桃红李白迎春黄，一派仲春景象。所以从天文气象的角度说，春分代表着真正春天的开始。

春分三候

一候 玄鸟至

　　玄鸟就是燕子，古时人们认为燕子"春分而来，秋分而去"。春分后，天气变暖，燕子便从南方飞来了，带来了风和日丽、春暖花开。

二候 雷乃发声

　　春分阳气上升，与阴气相互作用，就形成雷雨天气。古时候认为春分时雷雨开始，秋分后雷雨消失。

三候 始电

　　春分之后，电闪雷鸣，降雨开始增多

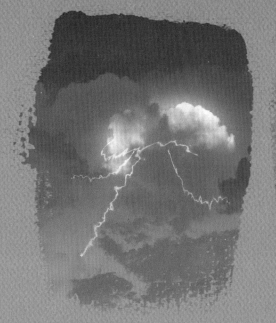

　　春分过后，暖阳高照，气温回升较快，《史记·律书》上讲"明庶风，居东方。明庶者，明众物尽出也。"明庶风就是东风，带来了暖意和春意，催生了万物。"风雷送暖入中春，桃柳着装日焕新"，东风送暖，已是春天过半，桃树和柳树是春天萌芽最早的树木，萌发出嫩叶，呈现出一片生机，告诉我们春天的脚步越来越快了。

　　宋代诗人欧阳修对春分有过一段精彩的描述："南园春半踏青时，风和闻马嘶，青梅如豆柳如眉，日长蝴蝶飞。"（《阮郎归》）游人踏青，春风和煦，梅子初长，柳条抽叶，白昼变长，蝴蝶纷飞。一幅风和日丽、春意融融、生机盎然的景象。人们沐浴在春光里，心情非常愉悦。花儿们也纷纷登场，海棠花开，梨花含笑，木兰芬芳。这个时节的海棠尤其绚烂，像云霞片片，花开似锦。海棠花又叫做解语花，花朵比较小，但繁花累累，娇美而不媚俗，不像桃花那么娇艳，也不像梨花清秀，也不似梅花孤傲。海棠常常出现古人诗作中，或歌颂，或以花言志，或抒发惜春的情感。比较著名的就是著名词人李清照的"昨夜雨疏风骤，浓夜不消残酒。试问卷帘人，却道海棠依旧。知否？知否？应是绿肥红瘦。"描绘了暮春时节，诗人担忧春雨中海棠是否凋零，充满哀伤之情，与春分这个明媚的季节形成了鲜明的对比。

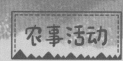

农事活动

　　"春分麦起身，一刻值千金。"春分之后，春耕春种的大忙季节就要开始了。在"春雨贵如油"的东北、华北和西北广大地区因为降水很少，这时候要抓紧灌溉麦田，浇水施肥，注意防御晚霜冻害。南方除了边缘山区以外，平均气温稳定上升到12℃以上，有利于水稻、玉米等作物播种。春茶已开始抽芽，应及时施肥料，防治病虫害，力争茶叶丰产优质。

　　"二月惊蛰又春分，种树施肥耕地深。"春分也是植树造林的大好时机。古人们从自然天地的变化中领悟总结农耕经验，为后人们提供了充满生活智慧的指导，春分时节代表春天过半，要抓紧这珍贵的春耕时机，才能有秋天的丰收。

43

民间习俗

祭日

　　春分在古代是重要的祭祀庆典节日。古代有春天祭日、秋天祭月的礼制规定，《礼记》中就曾提到春分要在日坛祭祀太阳。清朝文人潘荣陛在《帝京岁时纪胜》中写道："春分祭日，秋分祭月，乃国之大典，士民不得擅祀。"就是说春分这一天祭日和在秋分祭月都是非常重要的活动，是国家的重要祭祀典礼，民间不得随意祭祀。古代春分这一天的祭日大典，称为"朝日"。明、清时代的朝日场所就在北京的日坛，朝日时间定在春分的卯刻，大约早晨6点左右，每隔一年由皇帝亲自祭祀，其余的由官员代祭。民间的祭祀则是扫墓祭祖等"春祭"的活动，在祠堂举行隆重的祭祖仪式，杀猪、宰羊，全族和全村都要出动，规模很大，队伍往往达几百甚至上千人。

竖蛋

　　"春分到，蛋儿俏。"春分这一天最好玩的游戏就是"竖蛋"，中国4000年前就有了春分竖蛋的传统。每年春分时，很多地方举行竖蛋的游戏或比赛，选择一个光滑匀称、刚生下没几天的新鲜鸡蛋，轻手轻脚地在桌子上把它竖起来。鸡蛋为什么会竖起来呢？据说因为春分是南北半球昼夜都一样长的日子，呈66.5度倾斜的地球地轴与地球绕太阳公转的轨道平面处于一种力的相对平衡状态，所以春分的时候更容易把蛋竖起来。另外还有一个说法就是春分正值春季的中间，不冷不热，花红草绿，人心舒畅，思维敏捷，动作麻利，易于竖蛋成功。除了竖蛋之外，古时人们在春分时候还要吃鸡蛋，春天是万物生命复苏的时节，鸡蛋孕育生命，所以被看成是春分和生命力的象征，人们用竖蛋这项活动来庆祝春天来临，祈求人丁兴旺、五谷丰登。

送春牛

春分这天，民间有些地区有挨家送春牛图的风俗。春牛图是把两开红纸或黄纸印上全年农历节气，还要印上农夫耕田的场景。送图者是些民间擅长说唱的人，挨家挨户的送春牛图，说一些春耕和吉祥的话。俗称"说春"，送图人便叫"春官"。

吃春菜

春分这天，民间有着吃春菜的习俗。春菜就是一种野生的苋菜。春分这天，人们到田中采摘春菜，与鱼片"滚汤"，叫做"春汤"。民间有俗语讲"春汤灌肠，洗涤肝肠，阖家老少，平安健康"，表达了人们对美好健康生活的祈愿。

粘雀子嘴

春分这一天农民都按习俗放假，每家都要吃汤圆，而且还要把不用包心的汤元煮好，用细竹叉扦着放到田边地坎，名口粘雀子嘴，免得雀子来破坏庄稼，以祈求有个好收成。

放风筝

春分时节，微风荡漾，莺飞草长、风和日丽，正是放风筝的大好时节。大人们忙着农活，而小孩子到开阔的地放风筝。最早的风筝叫做"鸢"，造纸术发明后，人们用纸糊风筝，叫做"纸鸢"。放风筝是非常健康的民间活动，风筝乘风高飞，随风荡漾，一根长线牵动着全身肌肉的运动，人们随着风筝沐浴在春风里奔跑，心情非常畅快，有利于身体健康。

春社

春社是古老的中国传统民俗节日之一，时间一般在春分前后。春社是祭祀土地神的日子，分为官社与民社。官社庄重肃穆，礼仪繁琐，民社充满着生活气息，有敲鼓、看戏、社火等习俗，是民间非常热闹的节日。春社一般和"秋社"合称为"社日"，是古代朝廷发布规章、推行教化的重要节日，也是凝聚乡里各家庭的重要方式。后来的习俗发展中，北方地区的"春社"逐渐与二月二龙抬头合并，南方则保留较多祭社的习俗。

春分有雨到清明，清明下雨无路行

春分雨不歇，清明前后有好天

春分阴雨天，春季雨不歇

春分降雪春播寒

春分无雨划耕田

春分有雨是丰年

春分秋分，昼夜平分

吃了春分饭，一天长一线

春分麦起身，一刻值千金。

癸丑春分后雪

（宋）苏轼

雪入春分省见稀，半开桃李不胜威。

应惭落地梅花识，却作漫天柳絮飞。

不分东君专节物，故将新巧发阴机。

从今造物尤难料，更暖须留御腊衣。

赏析

　　本诗作于苏轼出任杭州通判时，这一年的杭州，春分之后居然落了一场大雪，苏轼有感于时令的反常而作。桃花开在梅花之后。而春分前后，正是将开未开的时节，所以说是"半开"。桃李虽然争春，但却没有梅花那样耐寒傲雪的骨气，经不起这场春雪的寒霜凌利，只能化作片片柳絮，漫天飘零了。"东君"是主宰东方的神，按照阴阳五行的传统说法，东方，青色，属木，主生长。"不分东君专节物"这句，苏轼暗指一些朝臣不按常规行事，令人难以预料，又巧发阴谋，暗设机关，图谋摧残半开的桃花。"从今造物尤难料，更暖须留御寒衣"，创造万物，主宰命运的"老天爷"操纵的阴晴冷暖，变幻无常，春分后却又下雪。即使是在已经很暖和的时候，大家也必须准备着御寒的衣物啊！苏轼在这里暗讽有权柄的朝臣们操纵着自己的命运，哀叹自己的命运多舛。

咏廿四气诗·春分二月中

（唐）元稹

二气莫交争，春分雨处行。

雨来看电影，云过听雷声。

山色连天碧，林花向日明。

梁间玄鸟语，欲似解人情。

赏析

诗中的"二气"指阴阳二气。春分是阴阳二气势均力敌的时节，阳气继续增加，已压过阴气，所以说"二气莫交争"。本诗描绘了春分的三候：玄鸟至、雷乃发声、始电，生动地写出了春分时的节候气象。大雨下来时，看到了闪电，还能听到雷声。山色和天空相交融，林中的花儿盛开。房梁间的燕子在低声私语，好像也通达人情一般。全诗描绘了春分时的山色景物、鸟语花香。

清明节，吉祥跟着爸爸妈妈回老家给姥姥扫墓，妈妈把一盘盘的冷食、水果摆在墓前之后，烧上纸钱。吉祥去摘了一些野花，想起了姥姥教给自己的童谣："柳叶绿，桃花红，过了寒食是清明。煮鸡蛋，卷蛋饼，荡完秋千放风筝，郊外春光美如画，全家老少去踏青。"想起了跟姥姥一起去郊外踏青放风筝的快乐时光。

　　吉祥把野花放在墓前，磕头跪拜："姥姥，吉祥很想你。"，忽然下起了小雨，吉祥问妈妈："妈妈，是不是姥姥听到我说想念她了。"

　　"是啊，吉祥说什么姥姥都会听见的。"

　　"嗯，姥姥放心，我会好好学习，做个好孩子，每年我都会来看你的。"小雨淅沥地下着，笼却在吉祥的心里是对亲人的无限思念。

《清明》·杜牧

清明时节雨纷纷

路上行人欲断魂

借问酒家何处有

牧童遥指杏花村

清明是二十四节气中第五个节气，时间一般在每年大约4月4日或5日。西汉时期的《淮南子·天文训》中说："春分后十五日，斗指乙，则清明风至。"春分后的第十五天，如果斗牛星和太乙星相对，那么清明这天必有风。"清明风"就是清爽明净的风。《月令七十二候集解》说："三月节，……物至此时，皆以洁齐而清明矣。"讲到了清明名称的来源，万物清洁而明净。其实是因为三月阳气上升，空气逐渐变得清澈，让人感觉非常的舒畅。

作为节气，清明时期万物凋零的寒冬已经过去，风和日丽，莺飞草长，柳绿桃红，生机勃勃。清明本为节气名，后来又成为中华民族重要的传统节日——清明节。清明节据传始于古代帝王将相"墓祭"之礼，民间纷纷仿效，后来加上寒食禁火及扫墓的习俗，历代沿袭而成为重要节日。在二十四节气里只有清明既是节气又是节日。清明时处于早春三月，春光明媚，万物复苏，气候宜人而到处生机盎然，是春游和郊外娱乐的好时光，所以清明前后自然成为人们户外、郊野嬉游的好时光。

太阳到达
黄经15°

春分　清明

冬至　　　　夏至

秋分

天文气候

　　在二十四个节气中，清明是表征物候的节气，含有天气晴朗、草木繁茂的意思。民间谚语讲："清明断雪，谷雨断霜。"到了清明，气候温暖，春意正浓，冰雪气象在温暖的地区基本消失不见。清明时节，除东北与西北地区外，中国大部分地区的日平均气温已升到15℃以上。但在清明前后，仍然时有冷空气入侵，甚至使日平均气温连续3天以上低于12℃。

　　"清明时节雨纷纷"，唐代诗人杜牧的千古名句，生动勾勒出"清明雨"的图景。清明时节正是冷暖空气冲突激烈的时候，势力减弱的北方冷空气和南方的暖湿空气在长江一带交锋，致使江南地区常常多降雨。但是就一些地区而言，情况并非如此。特别是华南西部经常出现春旱时段，4月上旬雨量一般仅10至20毫米，尚不足江南一带的一半；华南东部虽然春雨较多，但4月上旬雨量一般也不过20至40毫米，自然降水亦不够农业生产之需，还须靠之前的蓄水补充。

清明三候

一候 桐始华

春来万物复苏，到清明时节，阳气更盛，各种各样的花竞相开放。桐花开的日子稍微迟一些，恰好又在清明之时，所以被作为清明节到来的标志。古诗里也有"四月南风大麦黄，枣花未落桐花长"，四月清明时节可见满树皆花的桐树，花色艳丽动人。

二候 田鼠化为鴽

鴽，是指鹌鹑类的小鸟。田鼠因烈阳之气渐盛而躲回洞穴，喜爱阳气的鸟儿则开始出来活动了。清明时节阴气潜藏而阳气渐盛，顺应阴阳变化的动植物也发生着变化，所以我们才会看到春日里的草长莺飞的景象。

三候 虹始见

虹就是天上的彩虹，说明清明时节多雨，才有彩虹出现。在干燥的冬季，天空中飞尘浓密，而在风光明媚的春季，有了雨水的洗涤，有了繁茂的植物绿叶对粉尘的吸收，美丽的彩虹才可能出现在雨后的天空。新雨后的天空粉尘最少，空气最清洁，所以才有了美丽的彩虹，可见古人对大自然的观察非常细致，充满智慧。

　　清明节后雨水增多，天气晴朗逐渐转暖，空气清新明洁，草木繁茂，一派春和景明之象。在告别了冗长阴寒的冬季后，人们缓解春分之时的忙碌农耕劳作，在闲暇之余到野外去踏青，感受春天的气息。清明时节，已经快要暮春了，杨柳发新春色深，柳树由嫩绿的叶子慢慢变成新绿，"满阶杨柳绿丝烟，画出清明二月天"。杨柳是春天的标志，总是给人欣欣向荣的生机，所以古时候人们送别亲人朋友时常"折柳送别"寄托情谊常在的祝愿。李白有词"年年柳色，灞陵伤别"，唐代西安的灞陵桥，是当时人们到全国各地去时离别长安的必经之地，而灞陵桥两边种满了杨柳，所以就成了古人折柳送别的著名的地方。清明时节，人们纷纷去郊外踏青，不仅看到花期较晚的桐花、杏花在春风里荡漾，繁花似锦，心情愉悦，也看到早开的桃花、李花渐渐凋零，在这个追思先祖的时节里，会生出深远的哀思。

农事活动

　　清明对于古时农民耕种是一个重要的节气。农谚说："清明前后，点瓜种豆。"又说："植树造林，莫过清明。"就是讲种瓜种豆、植树造林的时间是在清明左右。因为清明时节，除东北与西北地区外，中国大部分地区的日平均气温已升到15℃以上，气温变暖，降雨增多，正是春耕春种的大好时节。"清明时节，麦长三节。"黄淮地区以南的小麦即将孕穗，油菜花已经盛开，东北和西北地区小麦也进入拔节期，应抓紧搞好后期的肥水管理和病虫防治工作。江南早、中稻进入大批播种的适宜季节，要抓紧时机早播。

　　东汉崔寔[shí]《四民月令》记载："清明节，命蚕妾，治蚕室……"说的是这时开始准备养蚕和装蚕的用品。"清明雨"对植物生长非常重要，农谚有"清明前后一场雨，强如秀才中了举"之说。清明是中国春茶采摘加工的开始，气温适中和充沛的雨量使茶树新芽抽长正旺，茶叶色泽绿翠，香浓味醇，奇特优雅，"清明茶"因此而得名。

清明节，又叫做鬼节、扫坟节，是中国最重要的传统节日之一。2006年5月20日清明节列入第一批国家级非物质文化遗产名录。清明节起源于古代的墓祭之礼，到了唐朝之后，寒食节中冷食、扫墓等习俗逐渐移到清明节之中。如今清明节是国家法定的节假日，是人们祭奠祖先、缅怀先人的节日，也是踏青游玩的大好时机。中国汉族传统的清明节大约始于周代，距今已有二千五百多年的历史。受汉族文化的影响，中国的满族、赫哲族、壮族、鄂伦春族、侗族、土家族、苗族等少数民族，也都有过清明节的习俗。虽然各地习俗不尽相同，但扫墓祭祖和踏青郊游是主要的活动。

扫墓祭祖

扫墓源于古代帝王将相的"墓祭"之礼，后来民间也纷纷效仿。古代墓祭开始于农历三月三的"上巳节"，后来"上巳节"逐渐演变为到水边游春的习俗。比如杜甫《丽人行》："三月三日天气新，长安水边多丽人。" 三月三阳春时节天气清新，长安曲江河畔聚集好多游春的美人。宋代以前，扫墓祭祖的主要节日是"寒食节"，相传是春秋时代晋文公为纪念忠臣介子推而规定的日子。晋文公逃难时，介子推曾经割下自己腿上的肉煮给他吃，到晋文公即位后，介子推却避入深山不愿当官，晋文公想要纵火逼他出来，没想到介子推坚守气节，宁肯被烧死也不出山。晋文公之后深为自责，为了纪念介子推，就把介子推的忌日定为寒食节，前后三天不得生火，只能吃冷食。由于介子推是抱着枯柳烧死的，家家户户也会在门上插杨柳，或者把柳枝圈或柳帽戴在头上以作纪念。由于上巳、寒食、清明三个节日时间非常接近，才逐渐演变成清明时节为逝去的人扫墓的习俗。诗人们的作品，也往往是寒食、清明并提，如韦应物有诗句说："清明寒食好，春园百卉开。"白居易也有诗句说："乌啼鹊噪昏乔木，清明寒食谁家哭。"后来官方就正式规定了，清明到来时，可以与寒食节一起放假。宋元时期，清明节逐渐由附属于寒食节的地位，上升到取代寒食节的地位。不仅上坟扫墓等仪式多在清明举行，就连寒食节原有的风俗活动如冷食、蹴鞠[cù jū]、荡秋千等，也都被清明节收归所有了。

踏青

从唐代开始，清明祭祀节吸收了另外一个较早出现的节日——上巳节的内容。上巳节古时在农历三月初三举行，主要风俗是踏青、被禊[fú xì]（临河洗浴，以祈福消灾），反映了人们经过一个沉闷的冬天后急需精神调整的心理需要。由于清明上坟都要到郊外去，在哀悼祖先之余，顺便在明媚的春光里驻足，来抒发出内心的悲伤，因此，清明节也被人们称作踏青节。每年4月4日至6日之间，正是春光明媚的时节，也是人们春游的好时候，所以古人有清明踏青的风俗。踏青不仅可以锻炼身体，还可以在青山绿水间陶冶自己的心情，古代有不少文人墨客吟诗作赋，如宋代诗人吴惟新在《苏真堤清明即事》描绘了清明春游的画卷："梨花风起正清明，游子寻春半出城。日暮笙歌收拾去，万株杨柳属流莺。"江南三月正是"梨花万朵白如雪"的季节，青年人结伴出城，踏青寻春，笙笛鸣咽，歌声袅袅，微风拂面，杨柳依依，真是心旷神怡。现代的人们也会趁着大好的春光，在清明前后相约到郊外原野远足踏青，舒畅心情。

荡秋千

荡秋千是中国古老的清明节习俗。秋千最早叫千秋，传说是春秋时代北方的山戎民族创造。开始仅是一根绳子，双手抓绳而荡。后来，齐恒公北征山戎族，把千秋带入中原。到汉武帝时，宫中以"千秋"为祝寿之词，取"千秋万寿"之意，后来为避忌讳，将"千秋"两字倒转为"秋千"，以后逐渐演化成用两根绳加踏板的秋千。荡秋千是春天民间百姓尤其是儿童所钟爱的一项娱乐活动，通过竞技比赛还可以培养勇敢精神。

雨打清明前，春雨定频繁。

清明断雪，谷雨断霜。

清明一吹西北风，当年天旱黄风多。

清明无雨旱黄梅，清明有雨水黄梅。

清明雨星星，一棵高粱打一升。

清明北风十天寒，春霜结束在眼前。

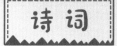

诗 词

途中寒食

（唐）宋之问

马上逢寒食，途中属暮春。

可怜江浦望，不见洛桥人。

北极怀明主，南溟作逐臣。

故园肠断处，日夜柳条新。

赏析

　　《途中寒食》是诗人宋之问被贬到泷洲后，次年春天秘密逃回洛阳探访友人时所作的诗。诗人在路途的马上度过晚春的寒食节，可惜在江边的码头上望，却看不见来自洛阳灞桥的离人，虽然被贬为下臣放逐到南方，心中还是惦念着北方的英明君王和故乡家园。令人伤心断肠的地方，经历了日日夜夜之后，新的柳条又长出来了！这首诗因景生情，抒发了对故国的思念，对君主的怀念之情。

寒食野望吟

（唐）白居易

乌啼鹊噪昏乔木，清明寒食谁家哭。

风吹旷野纸钱飞，古墓垒垒春草绿。

棠梨花映白杨树，尽是死生别离处。

冥冥重泉哭不闻，萧萧暮雨人归去。

赏析

寒食清明扫墓之风在唐代十分盛行。此诗描写了人们扫墓的情形：乌鸦和鸟鹊在树上啼叫，此时不知哪户人家在放声痛哭。风把纸钱吹的到处都是，而一座座古墓旁春天的草木正旺盛。棠梨白杨本是一处美丽的风景，但在诗人的眼里，"尽是生死离别处"，道出了人世间的无常。人们悲痛的哭声传不到深而又深的九泉之下，扫墓的人们只能在绵延不绝的暮雨中离去。从这首诗中，不仅可以看出扫墓的凄凉悲惨情景，也可以看出唐代扫墓习俗中寒食与清明是一回事。

播谷~播谷~

　　“咕咕——咕咕”，正在做作业的吉祥停下笔，聆听窗外传来的声音，好奇地问阿婆：“阿婆阿婆，这是什么鸟儿在叫呢?这么好玩，咕咕，咕咕—”

　　阿婆笑着告诉她：“这是布谷鸟呀，你好好听听，它在叫播谷—播谷呢。”

　　“为什么它要叫播谷呢? 阿婆?”

　　“因为它是个很勤快的小鸟儿啊，是催促大家快去田里种谷子呢。”

　　“哦，布谷鸟一直这么叫，累不累呢?”

　　阿婆拍了拍吉祥的小脑瓜：“傻孩子，布谷鸟每年到四月份的时候才回来催大家种谷子呐。因为现在种下谷子，才有好收成啊”

　　“嗯，我知道了，阿婆，布谷鸟也在催我，要好好学习啊。”

《七言诗》·郑燮

几枝新叶萧萧竹

数笔横皴淡淡山

正好清明连谷雨

一杯香茗坐其间

　　谷雨是二十四节气的第六个节气，也是春季最后一个节气。时间一般在每年4月19、20或21日。古时讲"雨生百谷"，"谷雨"就是播谷降雨的意思。谷雨还有另外一个传说，与创造中国汉字的史官仓颉有关。古书《淮南子》上讲，黄帝时期，走遍名山大川的史官仓颉席地而坐，按照星斗的曲折、山川的走势、龟背的裂纹、鸟兽的足迹创造出了最早的象形文字。而之前，人们是用打结的绳子来记事情，生活在巫术横行的浑沌之中。"仓颉造字，而天雨粟，鬼夜哭。"文字的创造，是一件惊天动地的大事，老天便赐给人间一场谷子雨，以表彰仓颉的贡献，从此人们把这天叫做谷雨，并在每年的这一天，祭祀仓颉。

　　谷雨节气的到来意味着寒潮天气基本结束，气温回升加快。谷雨是春季的最后一个节气，这时候田里的青苗刚插下，农作物才种上，是最需要雨水滋润的，所以有着"春雨贵如油"的说法。这个时节降雨增多，使土地所含适合植物生长的养分增多，作物生长很快。所以民间百姓们就在谷雨时节抓紧时间播谷插秧，开始了农耕的忙碌。谷雨阳气随着春暖转为向上升发，若人体内阳气过多，就会化成热邪外攻而上火，这时候养生就要吃些清淡的食物，多喝水，养成有规律的作息，养好精神，保持恬静的心态。

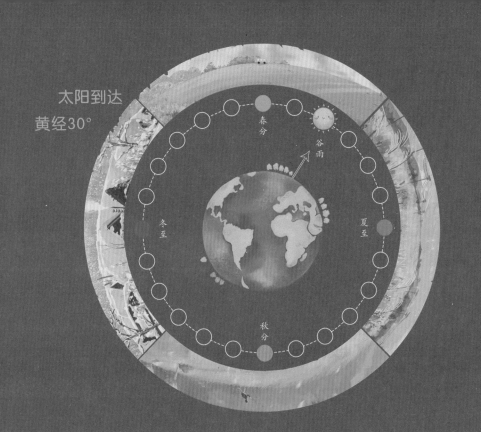

太阳到达
黄经30°

春分
谷雨
冬至
夏至
秋分

天文气候

　　每年到了谷雨时候，雨水明显增多，而且这时桃花正在开放，所以也有人称这时候的雨为"桃花雨"。谷雨时节，我国南方地区柳絮飘扬，杜鹃夜啼，大自然告诉我们，春天就要过去了，夏天就要来了。冷空气大举南侵的情况比较少，南方的气温上升很快，一般4月下旬平均气温，除了华南北部和西部部分地区外，已达20℃至22℃，人们已经感受到很强的暖意了。在华南东部甚至会有个别天出现30℃以上的高温，人们开始有炎热之感，感受到夏天的步伐近了。从气象学上讲，这个季节，华南暖湿气团比较活跃，从而导致南方地区出现连续阴雨或大风暴雨的天气。但是北方的冷空气还没有完全消去，会经常出现大风和沙尘天气，空气干燥，雨水缺少，所以在北方地区就有谚语说"清明谷雨雨常缺"，雨水贵如油的景象。

谷雨三候

一候 萍始生

萍是水草，浮在水面之上。谷雨时节，降雨增多，促进了水草开始生长。

二候 鸣鸠拂其羽

鸠就是布谷鸟，布谷鸟鸣叫着轻拂自己的羽毛。谷雨后五日，布谷鸟开始鸣叫，田野里到处回荡着它"播谷——播谷"的殷切呼唤，提醒人们要下地播种了。

三候 戴胜降于桑

"戴胜"，是一种头顶凤冠状长毛的鸟，嘴形细长，又称鸡冠鸟，这种鸟经常栖息在桑树上。

谷雨的三候用这个季节常见的动植物来告诉我们要珍惜时间，抓紧耕作，不要浪费了最后的大好春光。

布谷～播谷～～

谷雨时节展现给我们一幅万物兴盛、春意盎然的景象：麦田里的绿波腾着细浪，金灿灿的油菜花，柳树的枝蔓绿意更浓，山林里传来布谷鸟清脆的叫声。山坡上，一片片姹紫嫣红的樱花、紫荆花开得正艳；花园里牡丹花姹紫嫣红，奇丽无比。牡丹花俗称谷雨花，因为在谷雨时节开得最好，民间有俗语"谷雨三朝看牡丹"，牡丹有红、黄、紫、墨、绿等多种颜色，争奇斗艳，五彩缤纷。牡丹是花中之王，历来都被视为富贵、吉祥、繁荣的象征，在文学作品里常用来比喻国色天香、雍容华贵、倾国倾城的女子，白居易就在《长恨歌》里描写了有牡丹之美的杨玉环。四月份为牡丹花盛开的最佳季节，尤其是洛阳牡丹，历史上有着"唯有牡丹真国色，花开时节动京城"的盛誉，至今也是观赏牡丹的最佳去处。

谷雨季节花朵们韶华胜极，但也有不少花即将凋谢，最美的花季就要结束，意味着春天已到尾声。北方柳絮飘飘，南方地区"杨花落尽子规啼"，杨花漫天飘舞，漂泊不定，杜鹃鸟鸣声凄厉，就像叫着一声声"不如归去"，这是暮春时节的景象。谷雨暮春，产生了很多悲春惜春的诗句，比如宋代王淇的《暮春游小园》里讲"开到荼蘼花事了"，苏轼也有"荼蘼不争春，寂寞开最晚"的感叹。荼蘼花是百花中开的最长久的，往往是春天之后，到盛夏才开花。最晚的荼蘼花开就预示着春将不再，美好的春光正在消逝，再加上谷雨时节降雨增多，看到绵绵细雨，落花流水，这个时节人们也很容易体会伤感。

中国古代的农业是"靠天吃饭"，雨水充沛，田里的农作物才能长得好。谷雨时，气温回升快，雨量充足而及时，"雨生百谷"，对于百姓来说谷雨是个播种庄稼、祈盼丰收的最好时节，长期的耕作经验使人们从大自然的规律中总结出了宝贵的经验："谷雨前后，种瓜点豆。"说的是谷雨节种豆育秧正是时候，一旦错过，事倍功半，所以要抓紧去田间劳动。

江南地区秧苗初插、作物新种，最需要雨水的滋润，恰好南方大部分地区这时的雨水比较丰盛，对水稻栽插和玉米、棉花的苗期生长有利。华南地区谷雨前后的降雨，常常"随风潜入夜，润物细无声"，这是因为夜雨在4、5月份出现机会最多，而且夜雨昼晴的天气，对农作物的生长非常有利，所以谷雨节气时，田地里就是一番热闹的栽苗插秧的劳动景象。"谷雨前，好种棉"，"谷雨不种花，心头像蟹爬"，棉农把谷雨节作为棉花播种指标，编成谚语，世代相传。

赏牡丹

谷雨前后是牡丹开花的大好时节。"谷雨三朝看牡丹"，每逢谷雨，山东菏泽、河南洛阳、四川彭州等地都有观赏牡丹的盛会，品种繁多的牡丹艳丽娇媚，竞相开放。到了晚上，赏花的人便点上灯笼，举办晚宴，饮酒娱乐，沉浸在牡丹摇曳多姿的身影和芬芳里。赏牡丹后来成为人们重要的闲暇娱乐活动，现在山东、河南、四川等地还在谷雨时节举行牡丹花会，供人们游乐观赏。

吃香椿

北方有谷雨节气吃香椿的习俗。谷雨前后香椿树萌发嫩芽，这时的香椿浓郁爽口，营养价值非常高，所以有"雨前香椿嫩如丝"的说法。吃香椿从汉代起就遍布大江南北，已有上千年的历史，《随园食单》中就记载了香椿拌豆腐，从达官贵人到民间百姓都把吃香椿当成一种佳肴美味，清代更有文雅之人把吃香椿称为"吃春"，可见吃香椿在古时还是一种美食风尚。

喝谷雨茶

谷雨茶也就是雨前茶，是谷雨时节采制的春茶。有谚语说："清明见芽，谷雨见茶。"清明时茶树只能长出幼嫩的小芽，此时采摘的茶叶叫"明前茶"，芽小产量低。而谷雨时节温度适中，雨量充沛，芽叶肥硕，色泽翠绿，叶质柔软，富含多种维生素和氨基酸。一年之中所产茶叶以此时的最为滋味鲜浓，香气怡人，实惠耐泡。爱茶的人对茶叶是很有讲究的，谷雨这天采的鲜茶叶做的干茶才算是真正的谷雨茶，而且要上午采的。茶农们把采摘来做好的茶留起来自己喝或馈赠亲友，也是用来招待贵客的上好茶品。

祭海节

在我国北方沿海一带，谷雨节流行祭海习俗。俗话说："过了谷雨，百鱼近岸。"谷雨正是海水变暖之时，鱼儿们都游到浅海地带，容易捕捉。所以这个时节也是渔民们下海捕鱼的繁忙季节。为了能够出海平安、满载而归，谷雨这天渔民举行海祭，向海神娘娘敬酒，然后扬帆出海捕鱼。

祭仓颉

"谷雨祭仓颉"，自汉代以来陕西白水县有着祭祀文祖仓颉的习俗。传说，黄帝时代，仓颉造字，玉帝决定重奖他。一晚仓颉正在酣睡，梦中听到有人大喊："仓颉，你想要什么？"仓颉在梦中说："我想要五谷丰登，让天下的老百姓都有饭吃。"第二天从天而降了一场谷子雨。仓颉将这件事告诉黄帝，黄帝便把下谷子雨这一天定为节日，叫做"谷雨节"，命令天下的人每年到了这一天都要载歌载舞，感谢上苍恩赐谷物。

禁杀五毒

谷雨以后气温升高，吃庄稼的害虫们进入高繁衍期，老百姓除了在庄稼地里喷药杀虫以外，还要贴谷雨贴，进行驱凶纳吉的祈祷。谷雨贴，属于年画的一种，上面刻绘神鸡捉蝎、天师除五毒形象或道教神符，有的还写着"太上老君如律令，谷雨三月中，蛇蝎永不生""谷雨三月中，老君下天空，手迟七星剑，单斩蝎子精"等文字说明，寄托人们除杀害虫、盼望丰收的心愿。这一习俗在山东、山西、陕西一带十分流行。

谷雨时节种谷天，南坡北洼忙种棉。

谷雨前后，种瓜点豆。

谷雨谷雨，采茶对雨。

谷雨过三天，园里看牡丹。

清明麻，谷雨花，立夏栽稻点芝麻。

谷雨栽上红薯秧，一棵能收一大筐。

谷雨打苞，立夏龇牙；
小满半截仁，芒种见麦芒。

诗 词

七言诗

（清）郑燮

不风不雨正晴和，翠竹亭亭好节柯。

最爱晚凉佳客至，一壶新茗泡松萝。

几枝新叶萧萧竹，数笔横皴淡淡山。

正好清明连谷雨，一杯香茗坐其间。

赏析

这是清代扬州八怪之一郑板桥咏谷雨的一首诗。这首诗里描绘了谷雨时节，无风无雨，正是晴和的天气，翠竹刚刚吐出新叶，傍晚爽凉时，友人到访，郑板桥泡上新茶，与友人论诗作画、品茶赏竹。表达了诗人在谷雨的好天气中，品茗会友的恬淡心绪。

73

与崔二十一游镜湖，寄包、贺二公

试览镜湖物，中流到底清。

不知鲈鱼味，但识鸥鸟情。

帆得樵风送，春逢谷雨晴。

将探夏禹穴，稍背越王城。

府掾有包子，文章推贺生。

沧浪醉后唱，因此寄同声。

赏析

　　谷雨是春天的最后一个节气，这时候春天已经接近尾声。诗人在谷雨这一天，正赶上天晴，是春游的大好日子，于是与朋友一起游览镜湖，清澈的湖水，能看清水中的游鱼；湖上的水鸟叫声啾啾，像是在与人交流感情。风吹得船帆鼓鼓，一路观看了夏禹穴和越王城等历史遗迹。诗人游历后，记录下自己的感受，寄送给没去游览的朋友，与朋友分享乐趣。这首诗描绘了与朋友春游，欣赏到美好春色和历史人文景观时的畅快心情。